SUR UNE MÉTHODE NOUVELLE

DE

NOTATION DES ENCLENCHEMENTS

PAR

M. R. PERRIN,
Inspecteur général des Mines.

(Extrait des Annales des Mines, livraison de Décembre 1905)

PARIS
H. DUNOD et E. PINAT, ÉDITEURS
Successeurs de Vve Ch. DUNOD
49, Quai des Grands-Augustins, 49

1905

SUR UNE MÉTHODE NOUVELLE

DE

NOTATION DES ENCLENCHEMENTS

TOURS. — IMPRIMERIE DESLIS FRÈRES

SUR UNE MÉTHODE NOUVELLE

DE

NOTATION DES ENCLENCHEMENTS

PAR

M. R. PERRIN,
Inspecteur général des Mines.

(Extrait des ANNALES DES MINES, livraison de Décembre 1905)

PARIS
H. DUNOD ET E. PINAT, ÉDITEURS
SUCCESSEURS DE Vve CH. DUNOD
49, Quai des Grands-Augustins, 49

1905

SUR UNE MÉTHODE NOUVELLE

DE

NOTATION DES ENCLENCHEMENTS

I.

Soient a, b, c, divers leviers de signaux, d'aiguilles, etc., dont chacun peut prendre deux positions, l'une qualifiée conventionnellement de *droite* ou *normale* (N), l'autre de renversée (R). Pour représenter en abrégé une liaison mécanique établie entre deux de ces leviers, celle-ci par exemple :

« Le levier a dans sa position renversée enclenche le levier b dans sa position normale. »

On écrit d'ordinaire, suivant une notation due à M. Cossmann :

$$\frac{a\mathrm{R}}{b\mathrm{N}}. \tag{1}$$

S'il s'agit d'un enclenchement double ou de passage, celui-ci par exemple :

« Le levier a dans sa position renversée immobilise le levier b dans ses deux positions. »

On écrit par analogie :

$$\frac{a\mathrm{R}}{b\mathrm{N}\ \text{et}\ \mathrm{R}}. \tag{2}$$

Enfin, lorsqu'il s'agit d'un enclenchement (dit conditionnel) entre plus de deux leviers, on est conduit à écrire une formule telle que celle-ci :

$$\text{si } a\text{N}, \frac{b\text{R}}{c\text{N}}. \tag{3}$$

Ce système de notation, comme il a été remarqué depuis longtemps, présente le grave inconvénient de fournir pour un même enclenchement plusieurs formules différentes, dont l'équivalence ne peut souvent être reconnue qu'après quelques instants de réflexion. C'est ainsi que la formule (3) équivaut à cinq autres analogues et même à trois autres du type suivant absolument différent :

$$\frac{a\text{N}}{b\text{N ou } c\text{N}}, \tag{3 bis}$$

en sorte qu'un même enclenchement ternaire peut être figuré par neuf formules différentes. Un enclenchement quaternaire comporterait vingt-huit figurations différentes, et ainsi de suite.

Ce n'est pas tout : en appliquant cette notation à la vérification des tableaux d'enclenchements par une méthode qu'emploient actuellement encore un grand nombre d'ingénieurs, M. Massieu a été conduit à introduire le symbole D (dégagé de la position normale), en sorte que l'enclenchement binaire (1) comporterait quatre modes de figurations, savoir :

$$\frac{a\text{R}}{b\text{N}}, \quad \frac{b\text{R}}{a\text{N}}, \quad \frac{a\text{N}}{b\text{D}}, \quad \frac{b\text{N}}{a\text{D}},$$

dont les deux derniers correspondent à deux énoncés nouveaux, savoir :

b } est dégagé de sa position normale par { a / b } remis normal.
a }

La notation de M. Bricka ne présente plus cet inconvénient, puisqu'elle a, comme on sait, pour principe de figurer un enclenchement en écrivant dans une parenthèse, à la suite l'un de l'autre, les leviers intéressés, dans les positions que l'enclenchement a pour résultat de rendre incompatibles entre elles. Ainsi la formule (1) est remplacée par

(1 *bis*) $(a\mathrm{R},\ b\mathrm{R})$;

les formules (3) et (3 *bis*), équivalentes entre elles, par :

(3 *ter*) . $(a\mathrm{N},\ b\mathrm{R},\ c\mathrm{R})$.

M. Descubes a modifié la notation de M. Bricka en remplaçant les lettres N, R, par les signes +. —, placés en exposant, ce qui l'a conduit à employer le signe ± comme exposant pour les leviers en mouvement. L'enclenchement de passage (2) est alors figuré par :

(2 *bis*) (a[illegible] b[illegible]).

De cette notation M. Descubes a tiré une méthode ingénieuse et très sûre d'étude et de vérification des tableaux d'enclenchements, méthode qu'il a exposée en détail dans le tome XXI (1898) de la *Revue générale des chemins de fer*, et que plusieurs ingénieurs utilisent actuellement de préférence à la méthode de M. Massieu, parce qu'elle se prête beaucoup mieux à l'étude des enclenchements conditionnels et de passage.

Toutefois l'expérience m'a montré qu'il était possible, tout en conservant le principe de la notation de M. Bricka, de la modifier un peu autrement que ne l'a fait M. Descubes, de manière à obtenir, pour les enclenchements des divers types, des formules plus condensées et surtout faisant mieux image, plus propres par conséquent à laisser apercevoir du premier coup d'œil les différentes manières possibles de les énoncer, ainsi que les simplifications dont est susceptible un système donné. J'ai été dès lors conduit à une méthode de vérification des tableaux d'enclenchement qui emprunte à celle de M. Massieu, pour les enclenchements binaires, son tableau si commode à double entrée, mais en le simplifiant notablement, et qui, pour les enclenchements conditionnels (ternaires, quaternaires, etc.), ne diffère pas au fond de celle de M. Descubes, mais me paraît être d'un usage un peu plus simple dans la pratique. C'est ce que je me propose d'expliquer succinctement dans ce qui va suivre.

II.

Convenons de représenter une combinaison quelconque de leviers dans des positions données par une fraction où seront juxtaposés, au numérateur, les symboles (lettres ou chiffres) des leviers en position droite ou normale, et au dénominateur ceux des leviers en position renversée. Ainsi :

$$\frac{ab}{cd}$$

figurera la combinaison formée par les deux leviers a, b, en position normale, et les deux leviers c, d, en position renversée. Si dans la combinaison considérée aucun levier n'est dans la position normale, on mettra au numérateur un simple point (*). Si aucun n'est dans la position renversée, on mettra de même un point au dénominateur, ou plus simplement on supprimera ce point et la barre de fraction. Ainsi $\frac{\cdot}{ab}$ figurera la combinaison formée par les deux leviers a, b, simultanément en positions renversées. On est conduit dès lors à représenter par $\frac{a}{\cdot}$ ou plus sim-

(*) On pourrait y mettre un zéro ; mais le zéro (ou la lettre O) est parfois employé pour désigner le levier d'un appareil, et il pourrait en résulter des confusions.

plement par a le levier a dans sa position normale, et par $\frac{\bullet}{a}$ le même levier dans sa position renversée.

Ceci admis, et en adoptant le principe de la notation de M. Bricka, la formule :

$$\frac{\bullet}{ab} \tag{4}$$

figurera l'enclenchement précédemment représenté par (1) ou par (1 *bis*), et que M. Descubes écrit $(a^- b^-)$.

Pour figurer un enclenchement double ou de passage, on écrira *entre parenthèses*, à la suite de la barre de fraction et au même niveau qu'elle, le symbole du levier dont le mouvement est interdit. Ainsi

$$\frac{\bullet}{a}(b)$$

représentera l'enclenchement par lequel a dans sa position renversée verrouille b dans l'une et l'autre de ses deux positions (ou encore enclenche b normal et renversé). Le symbole (b) représente ainsi le levier *b mis en mouvement*, et la formule ci-dessus exprime que a renversé est incompatible avec la mise en mouvement de b.

Ce système de notation s'étend sans difficulté au cas particulier où le levier b est verrouillé dans l'une seulement de ses deux positions, sans y être cependant enclenché. Supposons qu'une combinaison donnée M d'autres leviers autorise les deux positions du levier b, mais l'immobilise seulement quand il est dans l'une des deux, par exemple dans la position normale ; cet enclenchement partiel, qui est réalisé le plus souvent au moyen d'un verrou d'aiguille manœuvré par un levier distinct ou à distance au moyen d'un appareil safety-lock manœuvré par un levier distinct ou par celui d'un signal différent, et qu'on peut appeler un demi-enclenchement de passage, sera figuré par la formule :

$$Mb\ (b). \tag{5}$$

Si le verrouillage de b était, au contraire, réalisé par une combinaison N seulement lorsque b est dans sa position renversée, on aurait la formule :

$$\frac{N}{b}\ (b). \tag{6}$$

L'enclenchement ordinaire de passage M (b) équivaut évidemment à l'ensemble des deux demi-enclenchements $Mb\ (b)$, $\frac{M}{b}\ (b)$, que l'on peut appeler complémentaires l'un de l'autre.

Le système de notation que je viens d'indiquer fournit, comme on va le voir, un moyen extrêmement simple de passer de la formule d'un enclenchement (*) aux diverses manières possibles de l'énoncer, et réciproquement : comme aussi un procédé très simple pour obtenir les formules des enclenchements indirects.

Énoncé des enclenchements. — Soit, par exemple, l'enclenchement (4). A la suite de sa formule, écrivons le signe = et la fraction à termes indéterminés $\frac{\cdot}{\cdot}$. Puis, comme s'il s'agissait d'une équation algébrique, faisons passer dans le second membre *un seul* des symboles écrits dans le premier. Il suffira alors de lire l'équation en prononçant le signe = *enclenche* au lieu de *égale*, pour avoir un des énoncés possibles, dans le langage usuel, de l'enclenchement donné. Ainsi de (4) on tire à volonté :

$$\frac{\cdot}{a} = b \quad \text{ou} \quad \frac{\cdot}{b} = a,$$

(*) Supposé complet, c'est-à-dire réalisé de manière à entraîner son ou ses réciproques.

ce qui donne les deux énoncés :

> *a* renversé enclenche *b* normal ;
> *b* renversé enclenche *a* normal.

La même règle fournit, en partant de l'enclenchement ternaire

$$\frac{a}{bc}, \tag{7}$$

les trois équations :

$$\frac{a}{b} = c, \qquad \frac{a}{c} = b, \qquad \frac{\bullet}{bc} = \frac{\bullet}{a},$$

dont la première se lira à volonté :

> Si *a* est normal, *b* renversé }
> Si *b* est renversé, *a* normal } enclenche *c* normal,

et de même pour les deux autres : d'où en tout six manières différentes d'énoncer l'enclenchement (7).

Au lieu de faire passer dans le second membre de l'équation *un seul* des symboles écrits dans le premier, on peut en faire passer *deux* (ou un plus grand nombre, au plus égal à $n - 1$, si n est le nombre des leviers intéressés dans l'enclenchement) ; il est aisé de voir qu'on obtiendra encore un énoncé de l'enclenchement donné, à la condition de séparer par la conjonction *ou* les énoncés des positions des leviers qu'on aura fait passer dans le second membre. Ainsi la formule (7) donnera les trois équations :

$$a = bc, \qquad \frac{\bullet}{b} = \frac{c}{a}, \qquad \frac{\bullet}{c} = \frac{b}{a},$$

qui se liront respectivement :

a normal enclenche *b* ou *c* normal ;
b renversé enclenche *c* normal ou *a* renversé ;
c — *b* — —

Ces trois énoncés, avec les six trouvés auparavant, correspondent bien aux neuf formules possibles dans la notation usuelle, comme on l'a vu ci-dessus, pour un enclenchement ternaire. Réciproquement, en partant de l'un quelconque de ces neuf énoncés, et en l'écrivant sous forme d'équation dans la notation que je propose, il suffira de ramener algébriquement tous les symboles dans le premier membre, pour obtenir, sans aucun effort de réflexion, la formule de l'enclenchement donné.

Avec une formule d'enclenchement quaternaire, on obtiendrait douze énoncés différents en faisant passer un seul des symboles dans le second membre ; douze autres énoncés en y faisant passer deux symboles ; enfin quatre autres énoncés en en faisant passer trois : soit en tout vingt-huit énoncés différents, comme il a été dit ci-dessus.

La même règle s'applique aux enclenchements de passage, à condition de transporter *tels quels*, de l'un à l'autre des deux membres de l'équation, les symboles de leviers en mouvement, autrement dit de considérer $\frac{\bullet}{(a)}$ comme équivalent à (a), et de prononcer le signe $=$ ***verrouille*** au lieu de *enclenche* quand il *précède* un symbole de levier en mouvement. Par exemple, l'enclenchement conditionnel de passage :

$$\frac{a}{b}\,(c)$$

donnera les six équations symboliques :

$$a\,(c) = b, \qquad \frac{\bullet}{b}\,(c) = \frac{\bullet}{a}, \qquad \frac{a}{b} = (c)\,;$$

$$a = b\,(c), \qquad \frac{\bullet}{b} = \frac{\bullet}{a}\,(c), \qquad (c) = \frac{b}{a}$$

qui fourniront les neuf énoncés suivants :

Si a est normal, le mouvement de c }
Si c est en mouvement, a normal } enclenche b normal ;

Si b est renversé, le mouvement de c } enclenche a renversé ;
Si c est en mouvement, b renversé }

Si a est normal, b renversé } verrouille c ;
Si b est renversé, a normal }

a normal enclenche b normal ou verrouille c ;
b renversé enclenche a renversé ou verrouille c ;
Le mouvement de c enclenche b normal ou a renversé.

Il faudrait évidemment quelques instants de réflexion pour s'assurer de l'équivalence de ces neuf énoncés. La vérification est immédiate, si on les écrit sous forme d'équations, et qu'on fasse ensuite passer tous les symboles dans le premier membre, suivant la règle indiquée ci-dessus.

Lorsque dans l'énoncé d'un enclenchement figure le mot « *dégagé* », la règle ci-dessus n'est plus applicable. On pourrait formuler pour ce cas d'autres règles analogues, mais il est plus simple de transposer au préalable l'énoncé donné en un autre où ne figure plus que l'une des expressions *enclenche* ou *verrouille*. S'il s'agit d'enclenchements binaires, la transposition est toujours facile. Par exemple, « a est dégagé de sa position normale par b renversé » équivaut évidemment à « b normal enclenche a normal », et s'écrira $\frac{b}{a}$. De même, « a est dégagé de sa position normale par b ou c renversé » s'écrira $\frac{bc}{a}$. Mais on rencontre quelquefois des énoncés plus complexes ; en voici un que je relève dans le tableau des enclenchements de la gare d'Aubervilliers (Petite Ceinture) :

« 6 normal est dégagé par 20 renversé, ou par 22 renversé si 40 est renversé. »

On déduit tout d'abord de cet énoncé la formule ternaire :

$$\frac{20 \,.\, 22}{6}.$$

Mais, pour tenir compte de la condition relative au levier 40, il faut remarquer que, si 40 est normal, 22 renversé *ne dégage plus* 6 ; donc, dans ce cas, 6 reste enclenché normal par 20 normal, quelle que soit la position de 22. D'où une seconde formule ternaire :

$$\frac{20 \,.\, 40}{6}.$$

On voit que l'énoncé donné correspond à deux enclenchements ternaires simultanés, et non à un enclenchement quaternaire unique, comme on aurait pu le supposer au premier abord.

Formation des enclenchements indirects. — Si on multiplie algébriquement la formule d'un enclenchement donné par un ou plusieurs symboles de leviers qui n'y figurent pas, ces leviers étant d'ailleurs dans une position quelconque, on obtient évidemment la formule d'une combinaison mécaniquement irréalisable, c'est-à-dire d'un enclenchement composé qui dérive de celui dont on est parti, mais qu'il n'y a aucun intérêt à considérer à part.

Il en est de même de la combinaison représentée par le produit algébrique des formules de deux enclenchements donnés, si ces formules n'ont aucun symbole commun, ou si les symboles qui leur sont communs ne disparaissent pas par la multiplication algébrique. Il suffit seulement, dans ce cas, d'écrire chacun de ces symboles *une seule fois* dans la position qu'il occupait dans les deux formules, et la combinaison ainsi représentée est *doublement* irréalisable.

Mais supposons qu'un même symbole de levier figure au numérateur dans l'une des formules, au dénominateur dans l'autre. Soient données, par exemple, les deux formules d'enclenchements :

$$\mathrm{M}a, \quad \frac{\mathrm{N}}{a}.$$

où M et N sont deux combinaisons quelconques de leviers autres que a, mais dont aucun n'entre avec des positions inverses dans M et dans N. La formule MN représentera une combinaison incompatible à la fois avec a et avec $\dot{a}$, à cause des deux enclenchements composés :

$$MNa, \quad \frac{MN}{a},$$

qui dérivent des deux premiers en multipliant leurs formules respectivement par N et par M ; ce sera donc la formule d'un enclenchement indirect, puisqu'il faut bien que le levier a soit dans l'une ou dans l'autre de ses deux positions.

Supposons encore que deux leviers, a et b, et non plus un seul, disparaissent du produit de la multiplication. Soient par exemple :

$$M\frac{a}{b}, \quad N\frac{b}{a},$$

les formules des deux enclenchements donnés. Le couple des leviers a et b, considéré isolément, fournit quatre combinaisons, constituant un cycle que l'on peut parcourir en entier, soit dans un sens, soit dans l'autre, au moyen de quatre mouvements des leviers a et b : c'est ce que montre le schéma de la figure 1, où les mouvements sont figurés par des traits accompagnés du symbole entre parenthèses du levier à manœuvrer. Mais on ne

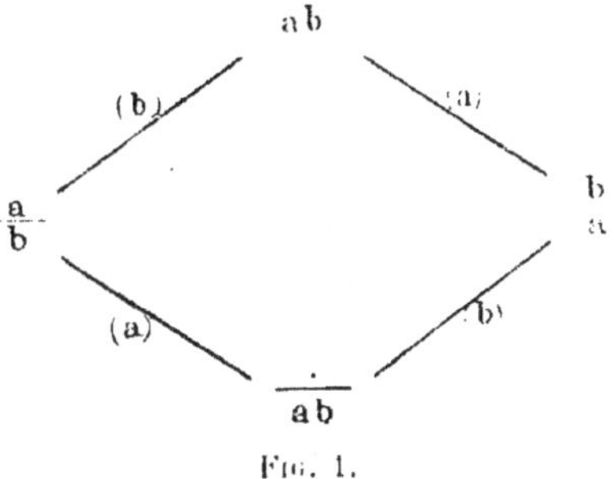

Fig. 1.

peut passer directement, d'un seul coup de levier, de l'une des quatre combinaisons à celle qui lui est *diamétralement opposée* dans le schéma. Or, en vertu des enclenchements donnés, les deux combinaisons $MN\frac{a}{b}$, $MN\frac{b}{a}$, sont impossibles, ce qui n'apprend rien de nouveau ; mais, de plus, les deux seules combinaisons restées possibles, savoir $MNab$, $\frac{MN}{ab}$, sont telles qu'on ne peut passer de l'une à l'autre en n'agissant ni sur le levier a ni sur le levier b. On peut donc écrire, comme conséquences des deux enclenchements donnés, *deux* enclenchements indirects de passage, savoir :

$$MN(a), \qquad MN(b),$$

comme l'a démontré pour la première fois M. Descubes dans son mémoire précité.

On arriverait au même résultat en remarquant que les deux enclenchements donnés entrainent quatre enclenchements de passage, dont les deux suivants :

$$\frac{M}{b}(a), \; Nb(a),$$

sont tels que la multiplication algébrique de leurs formules ne faisant plus disparaître qu'*un seul* symbole commun b, on rentre dans le cas considéré ci-dessus ; en sorte qu'on a le droit d'écrire l'enclenchement indirect :

$$MN(a).$$

On obtiendrait de même $MN(b)$ en partant de $Ma(b)$, $\frac{N}{a}(b)$, qui sont les deux autres enclenchements de passage dérivant immédiatement des deux enclenchements simples donnés.

Si, au lieu de deux leviers, trois se trouvaient disparaître par la multiplication algébrique de deux formules d'enclenchements donnés, telles que, par exemple, $\frac{Mab}{c}$, $\frac{Nc}{ab}$, on ne pourrait plus conclure à l'existence d'aucun enclenchement indirect. Il suffit en effet de former le schéma (*fig.* 2) des huit combinaisons possibles de trois leviers, et des

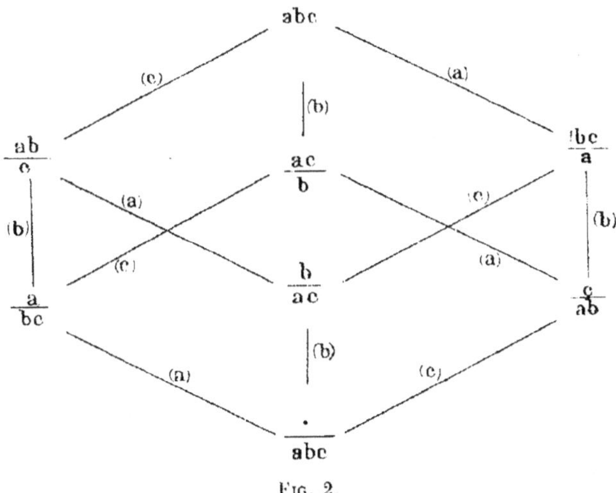

Fig. 2.

douze mouvements intermédiaires, pour reconnaître que la suppression de deux combinaisons inverses l'une de l'autre, $\frac{ab}{c}$ et $\frac{c}{ab}$, par exemple, n'empêche nullement de passer de l'une à une autre quelconque des six combinaisons restées possibles, par une série de mouvements des leviers a, b, c, et cela en parcourant dans un sens ou dans l'autre une partie d'un cycle fermé, unique et déterminé, savoir :

$$abc,\ (b),\ \frac{ac}{b},\ (c),\ \frac{a}{bc},\ (a),\ \frac{\cdot}{abc},\ (b),\ \frac{b}{ac},\ (c),\ \frac{bc}{a},\ (a),\ abc.$$

On voit seulement qu'étant supposée réalisée une des combinaisons possibles, telles que MN $\frac{ac}{b}$, par exemple, on ne peut manœuvrer que deux des trois leviers a, b, c pour passer à MNabc ou à MN $\frac{a}{bc}$, le troisième (ici le levier a) étant immobilisé. De là les six demi-enclenchements de passage dont voici les formules :

$$\text{MN} \left\{ abc\,(c), \quad \frac{ac}{b}\,(a), \quad \frac{a}{bc}\,(b), \quad \frac{\bullet}{abc}\,(c), \quad \frac{b}{ac}\,(a), \quad \frac{bc}{a}\,(b) \right\}.$$

Mais ces six demi-enclenchements font respectivement partie des six enclenchements de passage complets :

$$\text{MN} \left\{ ab\,(c), \quad \frac{c}{b}\,(a), \quad \frac{a}{c}\,(b), \quad \frac{\bullet}{ab}\,(c), \quad \frac{b}{c}\,(a), \quad \frac{c}{a}\,(b) \right\},$$

qui dérivent immédiatement de l'un ou de l'autre des deux enclenchements simples donnés, multipliés par M ou par N, en sorte qu'il est inutile de les écrire séparément.

Il convient de remarquer que deux leviers ne devant jamais être supposés manœuvrés *simultanément*, une formule d'enclenchement ne peut contenir qu'un seul symbole de levier en mouvement. Par conséquent, en règle générale, on ne peut rien tirer de la combinaison de plusieurs formules d'enclenchements de passage où les symboles de leviers en mouvement seraient différents. Il existe, toutefois, une exception remarquable : elle se rattache à ce fait (déjà signalé ci-dessus dans un cas particulier) que tout enclenchement simple P entre les leviers $a_1, a_2, \ldots, a_n$, entraîne les n enclenchements complets de passage :

$$(8) \qquad P_1\,(a_1), \quad P_2\,(a_2), \quad \ldots, \quad P_n\,(a_n),$$

P_r étant ce que devient P quand on y efface le symbole

a_r; et qu'inversement le système (8) entraine nécessairement l'enclenchement simple P, puisqu'il rend impossible la réalisation de la combinaison P par la manœuvre de l'un quelconque des n leviers qui y figurent. Il n'est même pas nécessaire, pour que cette conclusion subsiste, que le système (8) ne comprenne que des enclenchements de passage *complets*; chacun d'eux pourrait être remplacé par celui de ses deux demi-enclenchements composants qui interdit la manœuvre *conduisant* à la combinaison P, c'est-à-dire qui a pour formule $P_r'(a_r)$, P_r' étant la combinaison obtenue en inversant dans P la position du symbole a_r, sans toucher aux autres symboles. — Si, au contraire, dans le système (8), $P_r(a_r)$ était remplacé par l'autre demi-enclenchement composant, celui qui interdit la manœuvre en partant de P, et qui a, par conséquent, pour formule $P(a_r)$, la combinaison P resterait réalisable; mais, une fois réalisée, elle ne pourrait plus être détruite, tous les leviers qui y figurent se trouvant immobilisés : il y aurait là ce qu'on peut appeler un auto-enclenchement, mais ce ne pourrait être évidemment que le résultat d'une erreur commise dans la formation du système donné, lequel serait à reviser.

Pour éclaircir ce qui précède par un exemple, considérons l'enclenchement ternaire simple

$$\frac{ab}{c}.$$

Il entraine les trois enclenchements *complets* de passage :

$$(9) \qquad \frac{b}{c}(a), \qquad \frac{a}{c}(b), \qquad ab\,(c).$$

et, par suite, six demi-enclenchements de passage, dont trois *convergents* vers la combinaison P ou $\frac{ab}{c}$:

$$(10) \qquad \frac{b}{ac}(a), \qquad \frac{a}{bc}(b), \qquad abc\,(c),$$

et trois divergents à partir de cette combinaison :

$$(11) \qquad \frac{ab}{c}(a), \qquad \frac{ab}{c}(b), \qquad \frac{ab}{c}(c).$$

Le système (9) équivaut complètement à l'enclenchement P. Le système (10) entraîne aussi son existence, puisqu'il rend impossible la réalisation de la combinaison P, en partant de n'importe quelle autre. Le système (11) n'empêche pas de réaliser la combinaison P, mais seulement de la détruire une fois réalisée. Un système intermédiaire entre (10) et (11), comme serait celui-ci :

$$(12) \qquad \frac{b}{ac}(a), \qquad \frac{ab}{c}(b), \qquad abc(c),$$

permettrait de réaliser la combinaison P en manœuvrant b à partir de $\frac{a}{bc}$, puis de la détruire en manœuvrant soit a, soit c pour passer à $\frac{b}{ac}$ ou à abc : il n'y aurait donc rien à en conclure en ce qui concerne la combinaison P, qui resterait à la fois réalisable et modifiable. Enfin, un système intermédiaire entre (9) et (10), par exemple

$$(13) \qquad \frac{b}{c}(a), \qquad \frac{a}{bc}(b), \qquad ab(c),$$

entraînerait évidemment l'enclenchement simple $\frac{ab}{c}$, tout aussi bien que les systèmes (9) et (10).

On voit donc qu'un système donné de n enclenchements complets de passage entre n leviers :

$$(14) \qquad M_1(a_1), \qquad M_2(a_2), \qquad \ldots, \qquad M_n(a_n),$$

où $M_1, M_2, \ldots, M_n$ sont des combinaisons données de a_1, $a_2, \ldots, a_n$, telles que M_p ($p = 1, 2, \ldots, n$) ne renferme pas a_p, donnera l'enclenchement simple indirect P, si on peut trouver des combinaisons N_1, N_2, ..., N_n des mêmes leviers a_1, a_2, ..., a_n, telles que

$$M_1N_1 = M_2N_2 = ... = P.$$

La même conclusion subsistera si la seconde des conditions ci-dessus peut être remplie pour un système tel que (14), comprenant pour tout ou partie des demi-enclenchements de passage (c'est-à-dire où M_p renferme a_p), mais après qu'on aura remplacé chaque M_p par son complémentaire M_p' (obtenu en inversant dans M_p la position de a_p et ne modifiant rien pour les autres symboles).

Une remarque est, toutefois, encore nécessaire : dans la formation des produits M_1N_1, M_2N_2, ..., il doit être bien entendu que N_1, N_2, ..., sont construits de manière à ne faire disparaitre respectivement aucun des symboles existant dans M_1, M_2, ..., c'est-à-dire, en pratique, ne doivent renfermer que ceux des symboles a_1, a_2, ..., qui ne figurent pas dans M_1, M_2, ... ; autrement, de l'enclenchement donné M_1 (a_1) par exemple, on ne serait plus en droit de conclure à l'existence de l'enclenchement composé M_1N_1 (a_1), et d'en déduire l'enclenchement simple indirect MN, par le raisonnement précédemment indiqué.

En définitive, les règles à suivre pour obtenir les formules des enclenchements indirects qui résultent d'un système donné se réduisent aux deux suivantes, dont la première est de beaucoup la plus importante au point de vue des applications :

Règle I. — Multiplier algébriquement deux formules d'enclenchement (simples ou de passage) données, telles que le produit algébrique contienne *un au moins* ou *deux au plus* symboles de leviers *de moins* que l'ensemble des deux formules employées. Dans le premier cas (disparition d'un seul symbole), le produit algébrique est la formule d'un enclenchement indirect, pourvu qu'il ne contienne au plus qu'un symbole de levier en mouvement. Dans le second cas (disparition de deux symboles), on obtiendra *deux* formules d'enclenchements de passage indirects, en écrivant, à la suite du produit algébrique de la multiplication, *successivement* le symbole de chacun des deux leviers disparus, mais en le considérant comme en mouvement, pourvu que le produit algébrique ne renfermât pas déjà un symbole de levier en mouvement.

Règle II. — Étant donné un système d'enclenchements de passage entre divers leviers, tel que l'ensemble des formules du système contienne aussi comme en repos *tous* les leviers et *ceux-là seuls* qui y figurent comme en mouvement, former la fraction $\frac{P}{Q}$ ayant respectivement comme numérateur et comme dénominateur les plus petits multiples communs des numérateurs et des dénominateurs de toutes les formules du système. Sous cette seule condition que la fraction $\frac{P}{Q}$ ne soit pas susceptible de réduction par suppression d'un ou plusieurs symboles communs à ses deux termes, il suffira d'y effacer tous les symboles de leviers en mouvement pour obtenir :

Si le système donné ne comprenait que des enclenchements de passage *complets* [c'est-à-dire où, dans chacune des formules $M_r(a_r)$, M_r ne contient pas le symbole a_r], *la formule d'un enclenchement simple indirect ;*

2° Si le système donné comprenait des demi-enclenchements de passage (c'est-à-dire où M_r contient le symbole a_r), *la formule d'un auto-enclenchement*, c'est-à-dire d'une combinaison qui est réalisable une fois, mais dans laquelle tous les leviers se trouvent alors immobilisés : ce qui dénote une erreur ou une faute dans la formation du système donné ;

3° Si, enfin, le système donné comprenant encore des demi-enclenchements de passage, on a eu soin d'y remplacer tout d'abord les formules de tous ces demi-enclenchements par celles de leurs complémentaires (c'est-à-dire pratiquement d'y remplacer partout M_r par M_r', qui ne diffère de M_r que par la position inverse donnée au levier a_r), *la formule d'un enclenchement simple indirect*, ou plus exactement d'une combinaison qui peut exister à l'origine, mais qui, une fois détruite (ce que rien n'empêche), ne pourra plus être rétablie.

Les règles I et II ci-dessus énoncées comprennent comme cas particuliers toutes celles que M. Descubes a déduites, dans son mémoire déjà cité, de la discussion détaillée d'un grand nombre de combinaisons variées d'enclenchements. En les appliquant textuellement à tous les couples ou systèmes de formules données ou successivement obtenues, tant qu'on en rencontrera qui satisfassent aux conditions indiquées pour cette application, on sera certain de mettre en évidence toutes les conséquences utiles à connaître d'un système donné quelconque d'enclenchements, savoir les enclenchements indirects, les impossibilités, les doubles-emplois, les immobilisations nuisibles ou inutiles de certains leviers, etc.

III

Il me reste à montrer, par quelques applications effectives de la notation et des règles que je viens d'indiquer, comment il paraît le plus convenable de disposer les données et les opérations, lorsqu'on est appelé à étudier un système déterminé d'enclenchements, soit pour en trouver les conséquences indirectes et en vérifier la concordance avec le but à atteindre, soit pour le simplifier, s'il y a lieu, en supprimant certains des enclenchements donnés ou les remplaçant par d'autres plus simples équivalents au point de vue du résultat cherché.

Si les leviers sont en très petit nombre, il suffira le

plus souvent d'écrire sur une même ligne les formules des enclenchements donnés comme étant ou devant être réalisés directement, pour pouvoir écrire ensuite immédiatement sur les lignes suivantes, sans risque d'oubli, les formules des enclenchements indirects qui sont les conséquences des premiers.

Soient donnés par exemple, entre quatre leviers, trois enclenchements directs, écrits dans la notation ordinaire :

$$\frac{2R}{4N}, \qquad \frac{3R}{4R}, \qquad \frac{1R}{2R \text{ ou } 3R}.$$

En transcrivant les énoncés sous forme d'équations, on obtient tout d'abord :

$$\frac{\bullet}{2} = 4, \qquad \frac{\bullet}{3} = \frac{\bullet}{4}, \qquad \frac{\bullet}{1} = \frac{\bullet}{2\,.\,3}.$$

D'où en faisant passer tous les symboles dans les premiers membres, le système des trois formules :

$$(\alpha)\quad \frac{\bullet}{2\,.\,4}, \qquad (\beta)\quad \frac{4}{3}, \qquad (\gamma)\quad \frac{2\,.\,3}{1}.$$

Ces formules, combinées deux à deux par application de la règle I, donnent trois formules nouvelles, savoir :

$$(\alpha\beta)\quad \frac{\bullet}{2\,.\,3}, \qquad (\alpha\gamma)\quad \frac{3}{1\,.\,4}, \qquad (\beta\gamma)\quad \frac{2\,.\,4}{1}.$$

La formule ($\alpha\beta$), combinée avec (α), (β), ($\alpha\gamma$), ($\beta\gamma$), ne donne rien de nouveau ; avec (γ), elle donne, à cause de la disparition des deux symboles 2 et 3, les deux formules d'enclenchements indirects de passage :

$$\frac{\bullet}{1}\,(2), \qquad \frac{\bullet}{1}\,(3).$$

La formule ($\alpha\gamma$), combinée avec (α), (γ), ne donne rien de nouveau ; avec (β), elle donne les deux enclenchements indirects de passage :

$$\frac{\bullet}{1}(3), \qquad \frac{\bullet}{1}(4),$$

dont le premier a déjà été obtenu. Avec $(\beta\gamma)$, elle donne $\frac{2\,.\,3}{1}$, qui n'est autre que (γ).

Enfin la formule $(\beta\gamma)$, combinée avec (β) et (γ), ne donne rien ; combinée avec (α), elle donne de nouveau deux des trois enclenchements indirects de passage déjà trouvés.

Ces trois derniers enclenchements ne se prêtant pas à l'application de la règle II, on voit que le système donné, complété par les six enclenchements indirects qu'il entraine, se compose en définitive de six enclenchements binaires, dont trois simples et trois de passage, et de trois ternaires :

$$\left\{\begin{array}{lll} \frac{\bullet}{2\,.\,4}, & \frac{4}{3}, & \frac{\bullet}{2\,.\,3} \\ \frac{\bullet}{1}(2), & \frac{\bullet}{1}(3), & \frac{\bullet}{1}(4), \\ \frac{2\,.\,3}{1}, & \frac{3}{1\,.\,4}, & \frac{2\,.\,4}{1}. \end{array}\right.$$

Ce système correspond au cas d'une bifurcation de voie unique, dont l'aiguille (levier 4) est protégée du côté du tronc commun par deux signaux normalement fermés, savoir un carré à deux transmissions (leviers 2 et 3), et un disque avancé à une seule transmission (levier 1). Ce cas a été traité comme exemple par M. Descubes dans son mémoire précité ; le résultat qu'il a obtenu est naturellement le même que ci-dessus, mais les opérations à effectuer sont sensiblement plus courtes, et presque intuitives, avec la notation que j'emploie.

Quand le nombre des leviers et des enclenchements est plus considérable, il devient prudent de procéder de manière à rendre tout oubli impossible.

Tableau des enclenchements binaires. — Occupons-nous d'abord des enclenchements binaires. Soit n le nombre des leviers intéressés : formons un tableau triangulaire à n lignes et n colonnes (*fig.* 3), et à entrée simple par

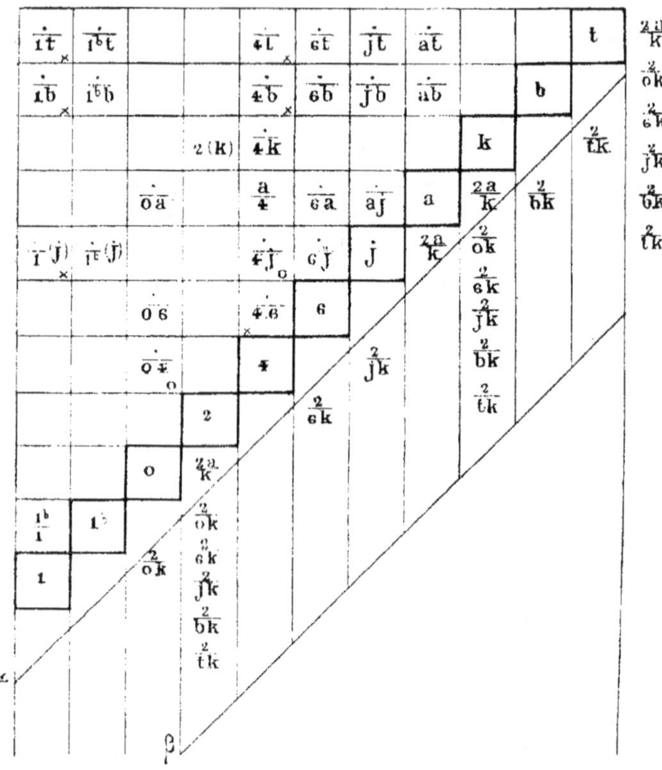

Fig. 3.

la diagonale qui le limite. Dans chacune des n cases de cette diagonale, que j'appellerai *cases principales*, inscrivons en gros caractères le symbole X de l'un des n leviers : la ligne et la colonne qui partent de cette case principale comprennent n — 1 cases, et forment ce que j'appellerai pour abréger l'*équerre* de X : elles seront affectées *l'une et l'autre* à l'inscription des formules d'enclenchements binaires où figure le symbole X. Il est évident que l'inscription de toute formule binaire se fera dès lors *sans ambiguïté* dans une, et une seule, des cases du tableau, savoir celle qui est commune aux équerres des deux symboles figurant dans la formule.

Je dis de plus qu'on ne pourra pas être conduit à inscrire dans une même case deux formules différentes (sauf dans un cas très exceptionnel qui sera indiqué plus loin), à moins qu'il n'y ait eu erreur ou faute plus ou moins grossière dans la confection du système donné d'enclenchements. Examinons en effet les trois seuls cas possibles :

1° Les deux formules à inscrire dans une même case définissent deux enclenchements simples. — En se reportant au schéma de la *fig.* 1, on voit immédiatement que les deux combinaisons interdites suppriment trois des quatre mouvements possibles des leviers, si elles sont adjacentes sur le schéma, ou ces quatre mouvements, si elles sont diamétralement opposées. Il y aura donc *au moins un* des deux leviers intéressés qui se trouvera complètement immobilisé, ce qui est absurde ; le système donné est à reviser ;

2° Les deux formules définissent deux enclenchements de passage. — Si les deux mouvements interdits sont adjacents sur le schéma de la *fig.* 1, la combinaison fixe intermédiaire est elle-même interdite, et il suffit d'écrire sa formule comme enclenchement simple, complètement équivalent au système des deux enclenchements de passage donnés : c'est ce que ferait voir d'ailleurs l'application préalable de la règle II de formation des enclenchements indirects. Si, au contraire, les deux mouvements interdits sont diamétralement opposés sur le schéma, un des leviers est immobilisé comme le montrerait l'application préalable de la règle I), et il y a erreur dans le système donné;

3° Les formules définissent l'une un enclenchement simple, l'autre un enclenchement de passage. — Si celui-ci est adjacent sur le schéma à la combinaison interdite par le premier, il en est une conséquence forcée, et sa formule est à supprimer. Dans le cas contraire, trois des quatre mouvements possibles sont supprimés, un des leviers est complètement immobilisé; il y a erreur dans le système donné.

Ces raisonnements ne pourraient se trouver en défaut que si, au lieu d'enclenchements *complets* de passage, le système donné comprenait des *demi-enclenchements*. Il faudrait alors essayer d'appliquer la règle II pour arriver à un enclenchement simple ou à un auto-enclenchement, et au besoin discuter, au moyen du schéma, chaque cas particulier. Voici, par exemple, un système de quatre demi-enclenchements binaires entre les deux mêmes leviers, qui n'est réductible à aucun autre système plus simple :

$$ab\,(b), \qquad \frac{b}{a}\,(a), \qquad \frac{\cdot}{ab}\,(b), \qquad \frac{a}{b}\,(a);$$

il exprime que le cycle représenté par le schéma de la *fig.* 1 ne peut être parcouru que dans un des deux sens (celui du mouvement des aiguilles d'une montre). Si un tel système était donné, les quatre demi-enclenchements seraient à inscrire tous dans la case commune aux équerres *a*, *b*. Ce serait évidemment là un cas très exceptionnel, mais qui ne ferait d'ailleurs nullement obstacle à la méthode que je vais maintenant indiquer.

Supposons formé un tableau tel que celui de la *fig.* 3, lequel s'applique à un poste de onze leviers reliés par vingt enclenchements binaires, dont dix-huit simples et deux de passage. Les formules de ces vingt enclenchements (directement réalisés) sont celles qui ont été inscrites dans les cases non marquées d'une croix.

Pour obtenir les formules des enclenchements indirects, s'il en existe, il suffit de parcourir successivement les équerres de tous les leviers, et de voir, pour chacune d'elles, si ses cases renferment — ce qui s'aperçoit au premier coup d'œil — des formules de genres opposés, c'est-à-dire contenant le symbole commun (celui qui définit l'équerre), les unes au numérateur, les autres au dénominateur. Chaque couple de deux formules de genres opposés fournira par multiplication algébrique une formule qu'on inscrira dans la case qui lui convient. Cette case (δ) est d'ailleurs facile à désigner sur le tableau sans recherche spéciale : c'est celle qui occupe le quatrième sommet du rectangle (unique et déterminé) ayant pour ses trois autres sommets les deux cases (α), (β), occupées par les formules que l'on multiplie entre elles, et une case principale (γ). Celle-ci appartient à l'équerre commune à (α) et (β), si (α) et (β) sont sur les deux branches de cette équerre; si elles se trouvent sur la même branche, (γ) est la case principale de l'autre équerre à laquelle appartient celle des deux cases (α), (β), qui est la plus rapprochée de la diagonale des cases principales. On se rendra compte de l'exactitude de cette règle, sans qu'il soit utile d'en donner une démonstration en forme, si on applique le procédé au tableau de la *fig.* 3.

Examinons d'abord l'équerre 1 (qui se réduit à la première colonne verticale de gauche). Il ne s'y trouve qu'une formule; donc pas d'enclenchement indirect.

Équerre 1 *bis*. — Elle renferme dans sa branche horizontale une case où 1^b est au numérateur, dans sa branche verticale trois cases où 1^b est au dénominateur : il y a donc trois formules d'enclenchements indirects qui viennent se placer dans trois cases vides de la première colonne de gauche, conformément à la règle du rectangle

(1er cas). Je marque ces trois cases d'une croix, pour rappeler que les formules qui y sont inscrites sont celles d'enclenchements indirects du premier ordre, c'est-à-dire obtenus en partant de deux enclenchements directs.

ÉQUERRE 0. — Trois formules où 0 entre au dénominateur ; donc pas d'enclenchement indirect.

ÉQUERRE 2. — Une seule formule ; pas d'enclenchement indirect.

ÉQUERRE 4. — Quatre formules ; dans toutes le symbole 4 figure au dénominateur ; pas d'enclenchement indirect.

ÉQUERRE 6. — Cinq formules ; même constatation pour le symbole 6 ; même conclusion.

ÉQUERRE *j*. — Six formules où *j* ne figure qu'au dénominateur ou entre parenthèses ; même conclusion.

ÉQUERRE *a*. — Une formule où *a* figure au numérateur, cinq où *a* figure au dénominateur. Donc cinq enclenchements indirects, dont les formules viennent se placer conformément à la règle du rectangle (deux dans le premier cas et trois dans le second), savoir trois dans des cases vides, que je marque d'une croix, et deux $\left(\frac{\cdot}{0,4}, \frac{\cdot}{4j}\right)$ dans des cases déjà occupées par des formules d'enclenchements directs, d'ailleurs identiques à celles qu'il faudrait y inscrire : je marque ces cases d'un cercle, pour indiquer qu'il est inutile de réaliser directement les enclenchements inscrits dans ces cases, puisqu'ils résultent indirectement des autres enclenchements directs.

ÉQUERRES *k*, *b*, *t*. — Pas d'enclenchements indirects.

Comme les nouvelles formules ainsi obtenues pourraient fort bien, par leur combinaison entre elles ou avec les formules primitives, fournir de nouvelles formules qui seraient celles d'enclenchements indirects qu'on peut appeler du second ordre, il est nécessaire d'examiner à nouveau les équerres comprenant des cases marquées d'une croix. Ici ce sont les équerres 1, 4, 6, *j*, *h*, *t*. Un coup d'œil suffit pour constater que dans aucune d'elles les formules ne se prêtent à aucune autre combinaison nouvelle (*). Le système obtenu est donc complet ; il se compose de vingt-six enclenchements binaires, dont trois de passage (qui d'ailleurs ne satisfont pas aux conditions exigées pour l'application de la règle II de formation des enclenchements indirects).

A l'inspection d'un tableau tel que celui de la *fig.* 3, on peut dire immédiatement quelles positions entraine, pour les autres leviers, une position déterminée attribuée à l'un d'eux. Ainsi, en parcourant des yeux l'équerre *a*, on voit que la position normale de *a* entraine seulement la position normale de 4, et que la position renversée de *a* entraine la position normale de 0, 6, *j*, *h* et *t*.

Le tableau de la *fig.* 3 représente les enclenchements du poste d'aiguilleur de Laigle (ligne de Paris à Granville). L'ensemble des appareils manœuvrés par ce poste est représenté par le schéma de la *fig.* 4. Pour avoir dans le tableau (*fig.* 3) des symboles plus condensés, j'y ai désigné par *a* et *b* les leviers des aiguilles 5 et 17, par *j* et *k* ceux des jonctions 3-4, 7-6, par *t* celui du taquet d'arrêt C, par O celui du carré O^c spécial de cantonnement ; et j'ai fait abstraction des liaisons spéciales qui existent entre ce dernier levier, celui d'une plaque « attention » qui est annexée au carré O^c et enfin un appareil électrique qui dépend du poste suivant.

La comparaison du tableau et du schéma suggère tout d'abord la remarque suivante : tous les enclenchements indirects inscrits dans la colonne 1 correspondent exactement aux enclenchements directs de la colonne 1^h, en

(*) S'il s'en était présenté, on aurait marqué d'une double croix, par exemple, les cases contenant des enclenchements indirects du second ordre ; puis on aurait opéré de nouveau sur les équerres renfermant de telles cases, et ainsi de suite.

vertu de l'enclenchement direct $\frac{1^b}{1}$ qui relie *seul* ces deux leviers, et ils n'ont aucun intérêt pratique : on en fait d'ordinaire abstraction dans l'étude des tableaux d'enclenchements dressés suivant n'importe quelle méthode.

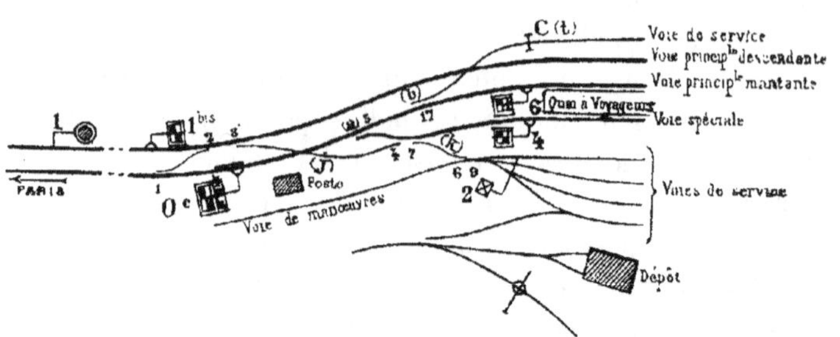

FIG. 4. — Entrée de la gare de Laigle (côté Paris). Schéma des appareils.
1 *bis*, 4. 6. carrés, normalement fermés. — 1. disque rouge, normalement fermé. — 0c, carré de cantonnement, normalement ouvert. — 2. carré jaune, normalement ouvert. — C. taquet normalement relevé.

Il convient donc de simplifier les tableaux tels que celui de la *fig.* 3, en n'affectant pas d'équerre spéciale aux leviers de disques avancés (ou plus généralement de tous appareils) qui ne sont reliés chacun à l'ensemble des autres leviers du tableau que par *un seul* enclenchement binaire direct.

Emploi du tableau triangulaire. — Soit demandé maintenant de vérifier, au moyen du tableau, si la continuité et la protection d'un mouvement déterminé sont convenablement assurées. Prenons, par exemple, le mouvement (ou passage) consistant à recevoir sur la voie spéciale, par la jonction *j* (3-4), un train venant de la direction de Paris. Faisant abstraction du disque 1, il faut, pour autoriser ce passage, d'après le schéma, que le carré 1^b et la jonction *j* soient renversés. A la suite de cette combinaison nécessaire $\frac{\cdot}{1^b j}$, écrivons dans une accolade, en les séparant par des virgules, chacun des leviers intéressés, dans la position *contraire* à celle qu'il doit avoir pour que la continuité et la protection du mouvement considéré soient assurées ; savoir, a, b, t, 4, 6 et k en positions renversées :

$$\frac{\cdot}{1^b j} \left\{ \frac{\cdot}{a}, \quad \frac{\cdot}{b}, \quad \frac{\cdot}{t} \cdot \quad \frac{\cdot}{4} \cdot \quad \frac{\cdot}{6} \cdot \quad \frac{\cdot}{k} \right\}.$$

Pour que le résultat cherché soit obtenu, il faut et il suffit qu'en combinant l'un *au moins* des deux symboles écrits en avant de l'accolade avec *chacun* de ceux écrits dans l'accolade, on obtienne une formule qui figure dans le tableau comme enclenchement, direct ou indirect. Or, en parcourant l'équerre 1^b du tableau, on trouve bien les enclenchements $\frac{\cdot}{1^b b}$, $\frac{\cdot}{1^b t}$; et en parcourant l'équerre j, les enclenchements $\frac{\cdot}{ja}$, $\frac{\cdot}{j4}$, $\frac{\cdot}{j6}$, $\frac{\cdot}{jb}$, $\frac{\cdot}{jt}$. Mais il manque l'un des enclenchements $\frac{\cdot}{1^b k}$, $\frac{\cdot}{jk}$, qui assureraient la position normale de la jonction k.

Seulement, si l'un de ces enclenchements existait, il serait impossible de recevoir sur les voies de service, par les jonctions j et k simultanément renversées, un train de marchandises venant de la direction de Paris, mouvement également prévu dans le tableau des passages. Pour résoudre la difficulté, la Compagnie de l'Ouest a réalisé directement, en plus des enclenchements binaires, l'enclenchement ternaire $\frac{2a}{k}$, qui oblige, lorsque 2 reste normal (c'est-à-dire ouvert) et que la jonction k est renversée, à avoir l'aiguille a déjà renversée. Cette obligation assure directement la continuité d'un autre des passages prévus, savoir l'expédition d'un train des voies de service vers Paris par les aiguilles 6, 7, 4, 5. Pour vérifier si la lacune signalée ci-dessus, en ce qui concerne la protection du premier des mouvements considérés, se trouve en même temps comblée par l'addition de l'enclenchement ternaire $\frac{2a}{k}$, il est nécessaire d'établir les formules des enclenchements indirects qui peuvent résulter de sa combinaison avec les binaires du tableau (*fig.* 3).

Tableau complet des enclenchements. — A cet effet, prolongeons vers le bas les colonnes du tableau triangulaire, et inscrivons la formule $\frac{2a}{k}$ dans chacune des trois colonnes verticales dont les têtes font respectivement partie des équerres 2, *a*, *k*. Il sera désormais convenu qu'à chaque symbole de levier inscrit dans une des cases principales correspondra non plus seulement une équerre, comme dans le cas où n'existaient que des enclenchements binaires, mais un ⊣ couché, dont les trois branches se réunissent sur la case en question, les deux branches supérieures formant l'équerre affectée à l'inscription des formules binaires où figure le symbole considéré, et la branche inférieure étant affectée à l'inscription des formules ternaires, quaternaires, etc., où il figure également.

Il suffit dès lors d'opérer successivement pour chacun des ⊣ comme il avait été fait pour chacune des équerres, et d'écrire dans une colonne spéciale, par exemple à droite du tableau, à mesure qu'elles se présentent, les formules d'enclenchements indirects que fournira cette première série d'opérations. La liste de ces formules devra être ensuite soigneusement revisée, pour n'y conserver qu'une fois celles qui auraient pu être obtenues plusieurs fois, et pour effacer toutes celles qui contiendraient en facteur une des formules déjà inscrites dans le tableau. S'il s'en trouve, dans la liste ainsi revisée, qui se réduisent à des formules binaires, on les inscrira dans leur case de la partie supérieure (triangulaire) du tableau, et on examinera à nouveau les $\dashv$ qui se trouveraient ainsi modifiés, pour former et inscrire les nouvelles formules indirectes (binaires, ternaires, etc.) qui pourraient résulter de ces inscriptions. Enfin on reportera dans les colonnes verticales inférieures toutes les formules ternaires, quaternaires, etc., ainsi obtenues comme enclenchements indirects du premier ordre, en les séparant par une barre transversale des formules ternaires données, déjà inscrites immédiatement au-dessous de la diagonale des cases principales.

Ceci fait, on recommencera à opérer successivement sur tous les $\dashv$ qui renferment des formules d'enclenchements indirects du 1er ordre, pour obtenir ceux du 2e ordre, qu'on reportera au-dessous, en les séparant par une barre transversale, bien entendu après revision opérée dans les mêmes conditions que pour la liste des formules indirectes du 1er ordre. Et on continuera de la même manière, jusqu'à ce que les opérations ne fournissent plus aucune formule nouvelle.

Appliquons cette méthode au tableau de la *fig.* 3. — Dans l'équerre 2, le symbole 2 ne figure qu'au numérateur, comme dans la formule ternaire $\frac{2a}{k}$: donc pas de nouvel enclenchement. — Dans l'équerre a, le symbole a figure 5 fois au dénominateur, tandis qu'il entre au numérateur dans la formule ternaire $\frac{2a}{k}$: de là les cinq nouvelles formules ternaires $\frac{2}{0.k}$, $\frac{2}{6k}$, $\frac{2}{jk}$, $\frac{2}{bk}$, $\frac{2}{ik}$, dont j'écris la liste à droite du tableau. Enfin l'équerre k ne renferme ce symbole qu'en mouvement ou au dénominateur, comme la formule ternaire donnée : elle ne fournit donc aucun enclenchement indirect.

Toutes les formules de la liste écrite à droite du tableau sont distinctes entre elles, et ne contiennent en facteur aucune des formules binaires inscrites dans le tableau triangulaire : cette liste est donc bien celle de toutes les formules d'enclenchements ternaires indirects du 1er ordre. — Pour chercher les indirects d'ordres plus élevés, j'inscris chacune des formules du 1er ordre dans les trois colonnes afférentes aux trois symboles qu'elle renferme, entre deux barres transversales α, β, qui sépareront ces formules de celles des enclenchements ternaires directs, d'une part, et de celles des ternaires indirects du second ordre (s'il y en a), d'autre part ; j'obtiens ainsi quinze inscriptions réparties dans les branches verticales inférieures des sept ⊣ affectés aux symboles 0, 2, 6, j, k, b, t; et j'ai à examiner, pour chacun de ces symboles successivement, si les formules inscrites dans la colonne correspondante entre les barres α, β, sont susceptibles d'être combinées entre elles ou avec celles écrites, soit dans la même colonne au-dessus de la barre α, soit dans les deux branches supérieures du ⊣. — Ici on vérifie très rapidement qu'aucune combinaison de ce genre n'est possible; par conséquent, le système complet des enclenchements se compose des binaires écrits dans les cases du tableau triangulaire, et des ternaires dont la liste se trouve inscrite dans la colonne verticale à droite du tableau.

Au point de vue de la protection du premier des passages considérés ci-dessus, on trouve dans cette liste l'enclenchement $\frac{2}{jk}$, qui peut s'énoncer : $\frac{\cdot}{j} = \frac{k}{2}$, c'est-à-dire : « j renversé enclenche k normal ou 2 renversé. » Lors donc qu'un train venant de la direction de Paris est envoyé par la jonction j renversée dans la direction des aiguilles 4 et 7, ou bien il trouve normale la jonction k (7-6), et est dirigé matériellement sur la voie spéciale, et protégé, matériellement aussi, contre l'arrivée par l'aiguille 6 d'une manœuvre qui pourrait le prendre en écharpe sur l'aiguille 7 ; ou bien, si les aiguilles 6-7 sont renversées, le carré 2 fermé interdit la sortie des voies de service à tout train ou manœuvre dans la direction de ces aiguilles. La sécurité est donc assurée dans les deux cas, pourvu que dans le second le signal 2 fermé soit obéi, et que la vitesse du train arrivant en gare soit assez faible pour que le mécanicien puisse l'arrêter avant d'atteindre les rames placées sur les voies de service, lorsqu'il s'est aperçu de la direction erronée qui lui a été imposée.

Les explications détaillées que je viens de donner suffisent pour faire comprendre l'esprit de la méthode, et pour permettre de l'appliquer dans tous les cas qui peuvent se présenter; les opérations sont d'ailleurs, dès qu'on en a acquis tant soit peu l'habitude, beaucoup moins longues à exécuter qu'à expliquer.

Comme dernier exemple, je traiterai encore un système d'enclenchements auquel M. Descubes a appliqué sa méthode dans le mémoire précité de la *Revue générale des Chemins de fer*. Bien que ce système ne se compose que de sept enclenchements directs entre sept leviers, il donne lieu à un nombre relativement élevé d'enclenchements indirects, dont quelques-uns assez inattendus, et permettant de simplifier le système initial.

Autre forme du tableau complet des enclenchements. — Au lieu du dispositif de la *fig.* 3, j'emploierai cette fois pour les opérations un dispositif plus symétrique (*fig.* 5), dans lequel le tableau triangulaire destiné à l'inscription des formules binaires est orienté de telle sorte que la diagonale des cases principales soit horizontale. Toutes les formules où figure un même symbole se trouvent alors réparties dans les trois branches d'un Y, savoir les binaires dans les deux branches obliques supérieures (en général de longueurs inégales et dont l'une même peut manquer), et les autres dans la branche verticale

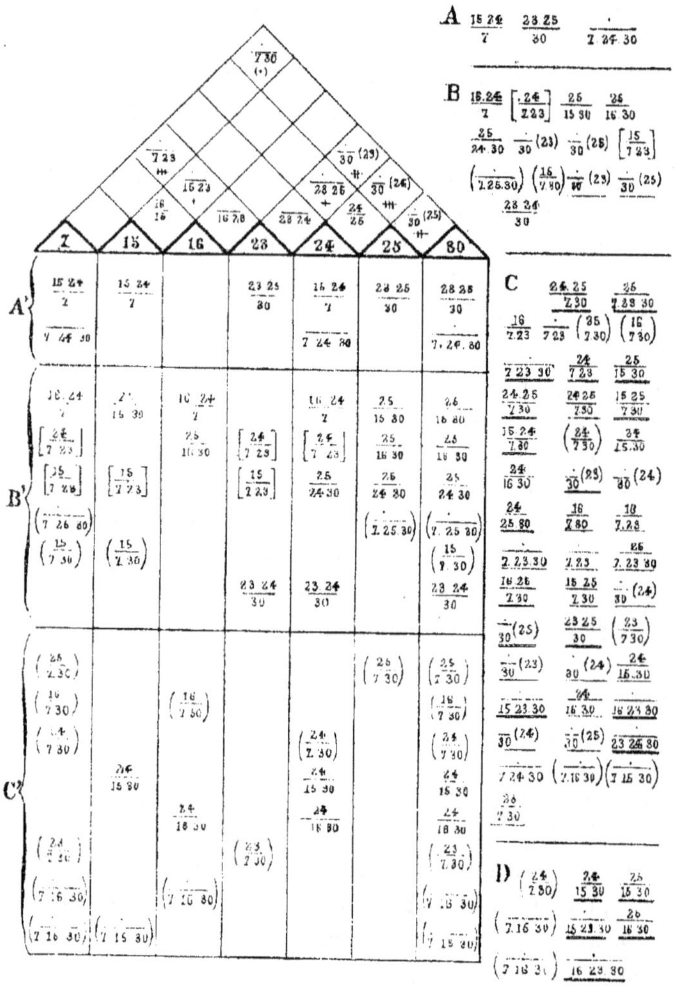

Fig. 5.

inférieure. A droite du tableau ainsi constitué sont disposées les listes successives, savoir : A, des formules des enclenchements ternaires, quaternaires, etc., donnés comme directement réalisés ; — B, des formules d'enclenchements indirects du 1er ordre, qui résultent de la combinaison de celles de la liste A entre elles et avec les binaires du tableau triangulaire ; — C, des formules d'indirects du 2e ordre, résultant de la combinaison de celles de la liste B (après revision comme il a été expliqué ci-dessus) entre elles et avec celles de la liste A et du tableau triangulaire ; et ainsi de suite.

Dans l'exemple que je vais traiter, les enclenchements directs donnés sont les suivants :

$$\frac{7R}{15R \text{ ou } 24R}, \quad \frac{15R}{16R}, \quad \frac{16R}{23N}, \quad \frac{23R}{24N}, \quad \frac{25R}{24R},$$

$$\text{Si } 23N, \ \frac{30R}{25R} ; \quad \text{Si } 24R, \ \frac{7R}{30N}.$$

Il y a donc quatre formules binaires :

$$\frac{16}{15}, \quad \frac{\bullet}{16 \cdot 23}, \quad \frac{\bullet}{23 \cdot 24}, \quad \frac{24}{25},$$

à inscrire dans le tableau triangulaire, et trois ternaires

$$\frac{15 \cdot 24}{7}, \quad \frac{23 \cdot 25}{30}, \quad \frac{\bullet}{7 \cdot 24 \cdot 30},$$

à inscrire dans la liste A.

En combinant entre elles les quatre formules binaires, j'obtiens les deux formules de binaires indirects :

$$\frac{\bullet}{15 \cdot 23}, \quad \frac{\bullet}{23 \cdot 25},$$

qui viennent se placer dans deux cases que je marque d'une +.

Je reporte alors les trois formules de la liste A dans les colonnes verticales du tableau qu'elles intéressent, ce qui donne les neuf inscriptions comprises dans l'accolade A'.

En combinant chacune de ces neuf inscriptions avec les formules écrites au-dessus d'elles dans l'Y correspondant, j'obtiens :

Col. 7, rien ;

— 15, 2 formules : $\frac{16 \cdot 24}{7}$, $\frac{24}{7 \cdot 23}$;

— 16, rien ;

— 23, 5 formules : $\frac{25}{15 \cdot 30}$, $\frac{25}{16 \cdot 30}$, $\frac{25}{24 \cdot 30}$, $\frac{\bullet}{30}(23)$, $\frac{\bullet}{30}(25)$;

— 24, 3 — $\frac{15}{7 \cdot 23}$, $\frac{\bullet}{7 \cdot 25 \cdot 30}$, $\frac{15}{7 \cdot 30}$;

— 25, 3 — $\frac{\bullet}{30}(23)$, $\frac{\bullet}{30}(25)$, $\frac{23 \cdot 24}{30}$;

— 30, rien.

La liste B comprend ces 13 formules ; mais il y en a 2 (soulignées) qui doivent être rayées comme faisant double emploi. Sur les 11 à conserver, 2 sont des binaires de passage que j'inscris au tableau triangulaire (cases marquées du signe ++), et les 9 autres des ternaires, que je reporte dans les colonnes verticales du tableau, en regard de la seconde accolade B'.

Les deux binaires de passage qui viennent d'être inscrites dans les cases marquées ++ ne donnant rien par combinaison avec les autres binaires ni avec les ternaires de l'accolade A', il y a lieu de passer à la combinaison des ternaires de l'accolade B' entre elles et avec celles de l'accolade A', ainsi qu'avec les binaires du tableau triangulaire. J'obtiens alors :

Col. 7, rien ;

— 15, 7 formules $\left\{ \frac{24 \cdot 25}{7 \cdot 30}, \frac{25}{7 \cdot 23 \cdot 30}, \frac{16}{7 \cdot 23}, \frac{\bullet}{7 \cdot 23}, \frac{25}{7 \cdot 30}, \frac{16}{7 \cdot 30}, \frac{\bullet}{7 \cdot 23 \cdot 30} \right.$;

— 16, 3 — $\frac{24}{7 \cdot 23}$, $\frac{25}{15 \cdot 30}$, $\frac{24 \cdot 25}{7 \cdot 30}$;

Col. 23, 9 formules $\left\{ \frac{24.25}{7.30},\ \frac{15.25}{7.30},\ \frac{15.24}{7.30},\ \frac{24}{7.30},\ \frac{24}{15.30},\ \frac{24}{16.30},\ \frac{\bullet}{30}(23),\ \frac{\bullet}{30}(24),\ \frac{24}{25.30}; \right.$

— 24, 13 — $\left\{ \frac{16}{7.30},\ \frac{16}{7.23},\ \frac{\bullet}{7.23.30},\ \frac{\bullet}{7.23},\ \frac{25}{7.23.30},\ \frac{16.25}{7.30},\ \frac{15.25}{7.30},\ \frac{\bullet}{30}(24),\ \frac{\bullet}{30}(25),\ \frac{23.25}{30},\ \frac{23}{7.30},\ \frac{\bullet}{30}(23),\ \frac{\bullet}{30}(24); \right.$

— 25, 11 — $\left\{ \frac{24}{15.30},\ \frac{\bullet}{15.23.30},\ \frac{24}{16.30},\ \frac{\bullet}{16.23.30},\ \frac{\bullet}{30}(24),\ \frac{\bullet}{30}(25),\ \frac{\bullet}{23.24.30},\ \frac{\bullet}{7.24.30},\ \frac{\bullet}{7.16.30},\ \frac{\bullet}{7.15.30},\ \frac{23}{7.30}; \right.$

— 30, rien.

La liste C comprend ces 43 formules. Mais, en les examinant, on en trouve 16 à rayer, comme faisant double ou triple emploi (je les souligne d'un trait fin), 17 à rayer comme déjà inscrites dans les listes A, B, ou comme comprenant en facteur des formules inscrites dans ces listes, dans la liste C elle-même ou dans le tableau triangulaire (je les souligne d'un trait fort). Restent après cette revision 10 formules, dont 2 binaires, $\frac{\bullet}{7.23}$, $\frac{\bullet}{30}(24)$, que j'inscris dans leurs cases respectives (marquées du signe ⧻), et 8 ternaires, savoir :

$$\frac{25}{7.30},\quad \frac{16}{7.30},\quad \frac{24}{7.30},\quad \frac{24}{15.30},$$
$$\frac{24}{16.30},\quad \frac{23}{7.30},\quad \frac{\bullet}{7.16.30},\quad \frac{\bullet}{7.15.30}.$$

Des deux nouvelles formules binaires qui viennent d'être obtenues, la seconde ne fournit aucune combinaison, mais la première permet de rayer deux des formules de la liste B revisée, savoir $\frac{24}{7.23}$ et $\frac{15}{7.23}$ (je place ces formules entre deux crochets partout où elles avaient été écrites, tant dans la liste B que dans l'accolade B′); de plus, par combinaison avec les formules écrites dans la branche verticale de l'Y 23, elle donne les deux ternaires:

$$\frac{25}{7.30}, \quad \frac{24}{7.30}.$$

Mais ces deux ternaires font déjà partie de la liste C revisée, il n'y a donc pas à en tenir compte autrement.

J'écris alors en regard de l'accolade C′ les huit formules ternaires, données ci-dessus, composant la liste C revisée, et j'ai à combiner ces formules entre elles, avec celles des accolades A′, B′, et du tableau triangulaire, en considérant successivement chaque Y affecté à un des symboles intéressés, mais en faisant abstraction des formules mises entre crochets.

La colonne 7 ne donne rien.

La colonne 15 donne deux formules, $\frac{24}{7.30}$, $\frac{\bullet}{7.30}$, dont la première peut être rayée comme conséquence de la seconde.

Avant d'aller plus loin, je puis inscrire la formule binaire $\frac{\bullet}{7.30}$ dans sa case [marquée du signe (.)] et rayer toutes les formules déjà obtenues dans lesquelles elle entre en facteur. Il en existe huit dans ce cas, savoir deux de la liste B et six de la liste C: je les mets entre parenthèses partout où elles sont écrites, et il n'y aura plus à en tenir compte dans la suite des opérations.

Il ne reste dès lors à opérer dans l'accolade C′ que sur six inscriptions se rapportant aux deux seules formules :

$$\frac{24}{15.30} \quad \text{et} \quad \frac{24}{16.30}.$$

En opérant avec ces six inscriptions successivement,

j'obtiens :

Pour la colonne 15, 1 formule : $\frac{24}{7 . 30}$;

— 16, 2 formules : $\frac{24}{7 . 30}$, $\frac{24}{15 . 30}$;

— 24, 6 — $\left\{ \begin{array}{l} \frac{25}{15 . 30}, \frac{\bullet}{7 . 15 . 30}, \frac{\bullet}{15 . 23 . 30}, \\ \frac{25}{16 . 30}, \frac{\bullet}{7 . 16 . 30}, \frac{\bullet}{16 . 23 . 30}; \end{array} \right.$

— 30, rien.

De ces 9 formules (se réduisant à 8 distinctes seulement) qui composeraient la liste D des indirects du 3e ordre, 4 sont à rayer comme contenant en facteur $\frac{\bullet}{7 . 30}$, et les 5 autres, comme déjà inscrites ou contenant en facteur une formule plus simple déjà inscrite.

Les opérations sont donc terminées, et on arrive à ce résultat, que le système donné entraine sept enclenchements indirects binaires (dont trois de passage) :

$$\frac{\bullet}{7 . 30}, \quad \frac{\bullet}{7 . 23}, \quad \frac{\bullet}{15 . 23}, \quad \frac{\bullet}{23 . 25}, \quad \frac{\bullet}{30}(23), \quad \frac{\bullet}{30}(24), \quad \frac{\bullet}{30}(25),$$

et sept enclenchements indirects ternaires :

$$\frac{16 . 24}{7}, \quad \frac{25}{15 . 30}, \quad \frac{25}{16 . 30}, \quad \frac{25}{24 . 30}, \quad \frac{23 . 24}{30}, \quad \frac{24}{15 . 30}, \quad \frac{24}{16 . 30}.$$

On voit, en outre, qu'à la condition de réaliser *directement* l'enclenchement binaire $\frac{\bullet}{7 . 30}$, on peut se dispenser de réaliser, comme il avait été prévu, le ternaire $\frac{\bullet}{7 . 24 . 30}$ qui en est la conséquence : toutes les formules trouvées subsisteraient avec ce changement dans les données.

Il est à peine utile de faire remarquer que les opérations sur les formules de l'accolade B' auraient été notablement abrégées, si, aussitôt trouvée la formule binaire $\frac{\bullet}{7 . 23}$, j'avais effacé (ou omis d'écrire) toutes les formules qui la contiennent en facteur, comme je l'ai fait ensuite avec la formule $\frac{\bullet}{7 . 30}$ avant d'opérer sur l'accolade C'. La liste C aurait été de même bien plus courte, si je n'y avais inscrit chaque formule obtenue qu'après avoir vérifié qu'elle n'était pas déjà inscrite ailleurs, ou ne contenait pas en facteur une formule déjà inscrite. Ce sont là des simplifications de détail que la pratique de la méthode ne tarde pas à suggérer et à permettre d'employer sans risque d'oublis ou de confusions.

Emploi du tableau complet des enclenchements. — Un tableau comme celui de la *fig.* 5 peut évidemment être utilisé exactement comme je l'ai indiqué pour celui de la *fig.* 3. Ainsi, en ce qui concerne le levier 23, par exemple, il suffit de parcourir des yeux les trois branches de l'Y qui lui correspond pour voir immédiatement que :

Si 23 est renversé, les leviers 7, 15, 16, 24 et 25 sont nécessairement normaux ;

Si 23 est normal, il faut : 1° que 25 soit renversé ou 30 normal ; 2° que 24 soit renversé ou 30 normal : ce qui peut s'énoncer : il faut que 30 soit normal, ou que 24 et 25 soient tous les deux renversés ;

Enfin 23 est verrouillé dans ses deux positions par 30 renversé.

Je ne reviendrai pas sur la manière de vérifier si les conditions de sécurité sont satisfaites en ce qui concerne la continuité et la protection des divers passages : le tableau de la *fig.* 5 s'emploiera comme celui de la *fig.* 3. J'ajouterai seulement un mot pour indiquer le moyen le plus simple de vérifier si deux passages donnés, que le schéma des voies et appareils montre pouvoir être autorisés *simultanément* sans danger, ne sont pas rendus incompatibles par les enclenchements. On écrira dans une parenthèse, en les séparant par des virgules, les leviers intéressés par le premier passage, dans les positions qu'ils doivent avoir pour que ce passage soit autorisé, que sa continuité et sa protection soient assurées. On fera de même pour le second passage ; et les deux parenthèses étant écrites l'une à la suite de l'autre, on multipliera *chacun* des termes de la première par *chacun* des termes de la seconde : *aucun* de ces produits ne devra figurer dans le tableau complet des enclenchements. Bien entendu, si un même symbole figure avec des positions inverses dans les deux parenthèses, les deux passages sont incompatibles par ce seul fait.

Dans le dernier exemple traité ci-dessus, le schéma (donné dans le mémoire de M. Descubes) indique comme pouvant être effectués simultanément sans danger les deux passages correspondant aux deux parenthèses ci-dessous :

$$\left(\frac{\bullet}{7}, \frac{\bullet}{15}, \frac{\bullet}{16}\right)\left(30, 23, \frac{\bullet}{25}\right).$$

Il suffit de vérifier que les neuf produits partiels de la multiplication de ces deux parenthèses ne figurent pas dans le tableau (*fig.* 5), pour être assuré que les enclenchements permettent bien l'exécution simultanée des deux mouvements dont il s'agit.

On remarquera que la connaissance du tableau des passages et du schéma des voies et appareils est absolument inutile pour la formation du système complet des enclenchements. Cette formation se réduit, comme je l'ai montré ci-dessus, à une série déterminée d'opérations, en quelque sorte mécaniques, et qui ne demandent que de l'attention pour conduire *forcément* à un résultat exact et complet.

Représentation graphique des enclenchements. — M. Gruet a récemment fait connaître (*Annales des Mines*, 1903) le procédé ingénieux qu'il emploie pour faire ressortir graphiquement, dans le tableau à double entrée de la méthode de M. Massieu, les divers genres de relations établies entre les leviers; il remplace à cet effet les lettres N, R, D, *n*, *r*, *d*, de M. Massieu, par des flèches ou des cercles placés sur des traits de connexion horizontaux reliant les cases d'une même ligne ; le tout tracé en rouge ou en bleu, suivant la position des leviers en cause. Bien que dans les tableaux triangulaires des *fig.* 3 et 5 le mode de notation que je propose fasse, à mon avis, suffisamment ressortir, par la simple inspection des formules d'enclenchements inscrites dans les cases, les différentes catégories de relations existant entre les leviers, il n'y aurait aucune difficulté à substituer à l'inscription des formules elles-mêmes dans les cases un mode de représentation graphique analogue à celui que M. Gruet adapte au tableau de M. Massieu.

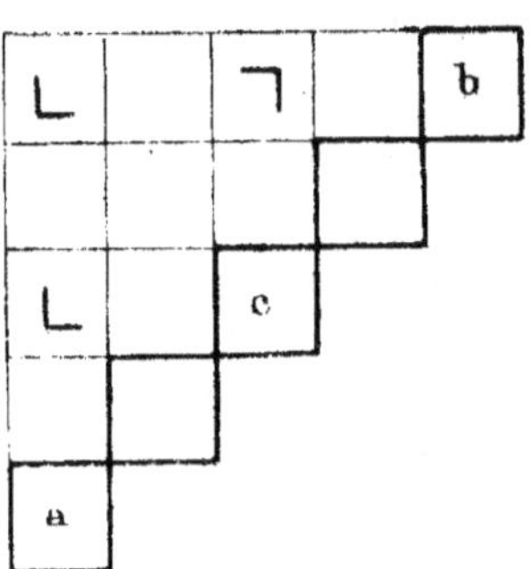

Fig. 6.

Considérons par exemple la case placée au croisement des équerres *a* et *b* (*fig.* 6), et soit à y figurer l'enclenchement $\frac{a}{b}$ (*a*N enclenche *b*N). Convenons de figurer tout enclenchement par un signe formé de deux traits se croisant en un point de la case correspondante, savoir un trait horizontal affecté au levier (ici le levier *b*) dont le symbole est inscrit à l'extrémité de droite de la ligne, et un trait vertical affecté au levier (ici le levier *a*) dont le symbole est inscrit au bas de la colonne. Chacun de ces traits sera tracé, à partir du point commun, en s'éloignant ou se rapprochant du symbole correspondant, suivant que le levier figure dans la formule de l'enclenchement en position droite ou en position renversée. On aura donc ici le signe └. On aurait de même les signes ┌, ┘, ┐ pour figurer respectivement les enclenchements $\frac{\dot{}}{ab}$, ab, $\frac{b}{a}$. Pour figurer un enclenchement de passage, il suffirait de prolonger de part et d'autre du point de croisement celui des deux traits qui correspond au levier en mouvement : les signes ┬, ┴, ├, ┤, figureraient alors respectivement les enclenchements de passage $\frac{\dot{}}{a}\, b$, $a\, b$, $\frac{\dot{}}{b}\,(a)$, $b\,(a)$.

Les enclenchements indirects s'obtiendraient alors en composant deux à deux les signes inscrits dans une même équerre et où les traits afférents au symbole de cette équerre seraient dirigés en sens contraire; les deux traits de sens contraire s'annulant, il resterait deux traits formant un nouveau signe d'enclenchement, qu'il suffirait d'inscrire dans la case convenable (quatrième sommet du rectangle qui a été défini précédemment). Soit, par exemple, le signe ┐ inscrit dans la case commune aux équerres b et c; en le combinant avec le signe de la case commune aux équerres a, b, les deux traits afférents au symbole b se détruisent, il reste deux traits, l'un s'éloignant de a, l'autre se dirigeant vers c, d'où le signe └ à inscrire dans la case commune aux symboles a, c.

Avec ce mode de représentation graphique, le tableau triangulaire de la *fig.* 3 se changerait en celui de la *fig.* 7, que l'on pourrait d'ailleurs rendre encore plus parlant, si on y traçait en couleurs différentes dans chaque signe d'enclenchement, comme le fait M. Gruet pour ses traits de connexion, ses flèches et ses cercles, les traits partiels qui se rapportent à des leviers en position normale, en position renversée ou en mouvement. Il est curieux de constater que des tableaux tels que ceux de la *fig.* 7

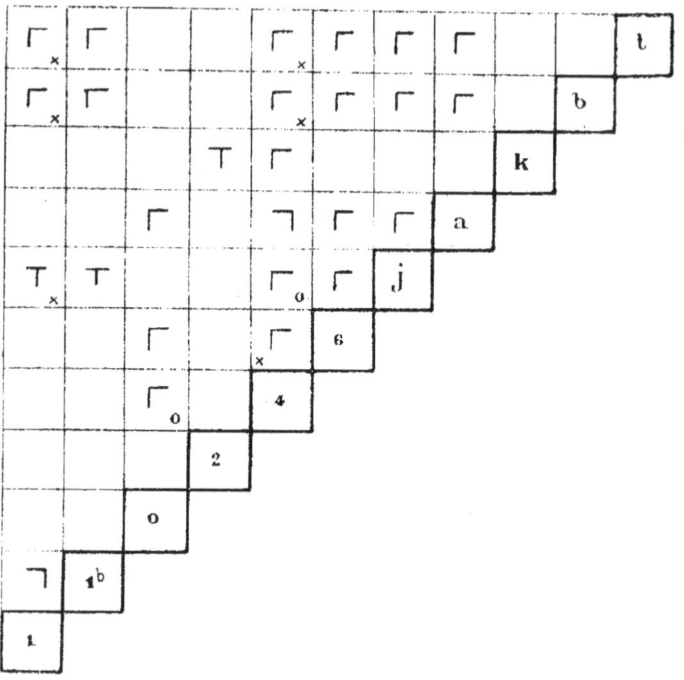

Fig. 7.

présenteraient une assez grande analogie avec les tableaux schématiques que dresse la compagnie de l'Ouest à l'appui de ses projets d'enclenchements, et qui dérivent d'une représentation projective, convenablement simplifiée, des tables d'enclenchements du système Vignier.

Paris, 30 septembre 1905.

Tours. — Imprimerie Deslis Frères.

TOURS

IMPRIMERIE DESLIS FRÈRES

6, rue Gambetta, 6

www.ingramcontent.com/pod-product-compliance
Lightning Source LLC
LaVergne TN
LVHW012011160826
845678LV00002B/774